普通の景観・考

～サステナブルな町の姿～

目次

はじめに　普通と希少のパラドックス　4
I　普通の景観とは何か、京都で考える　6
II　都市再生のなかで希求されたもの　12
III　古い建物が大切である本当の意味　16
IV　商売の名残を活かす町　20
V　ヨーロッパ都市の成熟　24
VI　大阪と東京のＤＥＥＰ　29
VII　ヒューマンな生活空間を取り戻す　36
VIII　「普通」は時代のキーワード　42
あとがき　46

※本書では写真の側には記号を付けず、本文中に右中左、上中下と写真との対応を表示している。
また、写真が上に４つある場合は右から❶❷❸❹としている。

shion ... The term "normcore" ...
arly 2010s. The term "normcore" is
"normal" and "hardcore," and it is
y deliberately dressing in a bland and
vay. The idea behind normcore is to
n of standing out through fashion and
plicity and blending in with the crowd.

Something that is ap...
valid everywhere, without exc...
denotes a quality or characteris...
shared by all members of a part...
or applies to all situations.

普遍的な

universal

outstanding universa...

value があると世界遺産に

アウフヘーベン

normcore

究極の普通

<ファッション用語>

同じものを着るおしゃれ

通が多様であれば個々は

少性をもつ

平凡こそ非凡なり

... ordinary is

...ed extraordinary.

持続可能な

サステナブルな

sustainable

超訳

common

happening often and to many

people or in many places

名詞になると共有物

ふつうに続いてほしい

フツー

若者用語では「やや良い」

普通の

ordinary usual

accustomed

normal habitual

everyday

hese
word
apid
this is
ent.

典型的な

typical

happening, done, or existing most of

the time or in most situations

一般的な

general

平凡な plain

平均的な average

not different

or special

何も条件をつけずに、

文字どおりの意味の

並みの

...ed in

どこにでもあって、

めずらしくない

...ared

grime

<悪い意味になると>

どこにでもある

手垢の付いた ありきたりの 陳腐な

普通の 《形容詞句／名詞＋...

類語辞典

はじめに　普通と希少のパラドックス

どこにでもありそうな景観だけども、こよなく愛おしく感じることは体験上よくある。高度経済成長期が始まるころまで、各地の都市に見られた一般的な景観、いわば「普通の景観」が、どんどんなくなってきた。その頃の景観は自動車交通や高層ビルに乱されることなく、ヒューマン・スケールのものであり、空気のように存在していた。それに気がついて、その大切さを述べた主張も多数あるし、その再評価も世界中で起こっている。本書で扱うのは、そうしたおおむね高度経済成長期までに既成市街地に見られた景観だ。普通のものが貴重だという謎に挑みたい。

この「人と住まい文庫」の第5巻『住経験インタビューのすすめ』（柳沢究・水島あかね・池尻隆史共著）には、住んできた住宅が「自分にとっての普通が皆にとっても本当に普通であるかは実のところわからない」とある。普通の住宅は多様だ。地域・景観になるともっと多様だろう。１９７０年代になるまで、町並み保存という考え方が世間にいきわたってこなかったとき、そこに住んでいる人は普通の場所だと思って住んできた。普通のものというのは多様で色とりどりなのだ。それらは今日から見れば希少性がある。普通だから希少だというパラドックスが起こっている。

ＮＨＫの「みんなのうた」で、２００６年8～9月に放映された歌「これってホメことば？」がある。若者が日常会話で「フツー」などの新しい表現を連発していて、それらがどちらかといえば褒め言葉になっていることに気づいた。アナウンサー伊達正隆みずからが作詞、そして演奏までアナウンサーたちが披露したのだ。娘がお寿司を食べて「パパ、フッーにおいしいよ」という。「これってホメことば?」と父が問う。ひとつの解釈としては、このころの若者たちはバブル崩壊のころ幼年時代を過ごし、ずっと経済が不振で、フツーの生活があることへの肯定感をもっていたとも考えられる。

新たな格差社会到来のもと、平凡でサステナブルな生活を希求し、高みを望まないという2000年ころの世相を反映している。そう思っていたら、新しい言葉を積極的に収録していると評判の三省堂『国語辞典』(2022年)は「普通」の項で「あの人、普通に歌うまいよね」という例文を入れ、それを〝褒めた言い方〟として「二十一世紀に広まった用法」と記している。

ファッションの領域においても「ノームコア」(NORMCORE)というおもしろい様式が生まれている。「究極の普通」と訳すらしい。毎日のように同じ服を着る。そのこと自体が個性的でおしゃれなのだという。オバマ大統領やスティーブ・ジョブズがそうだという。

「普通の」という形容詞句は、地域や景観に関する場合は、sustainable とか universal、そしてまた common といった概念との親和性がある。こうしたことを事例をつうじて考えてみたのが本書だ。

ただ、日本人の半数近くが大都市圏内に住み、またその半数は郊外や衛星都市に住むようになって数十年を経過している。だから郊外や衛星都市の景観が普通なのかもしれないが、それを分析するのはまたの機会としたい。

Ⅰ　普通の景観とは何か、京都で考える

京都の壬生が景観地区になる

2003年の国土交通省「美しいまちづくり政策大綱」は驚きの文書だ。これまで国が景観を軽視してきた政策を反省し、「襟を正す」とまでいっている。「普通の」という用語が出てきたところも新鮮で、本書で「普通の」をテーマとしているのも、これを意識している。特別の場所だけではなく、どこへいってもよい場所だといえるような国土にしたいと国が言ったのだ。

普通の住宅地や商店街、地方都市の駅前、郊外バイパスの沿道、身近な水辺など国民が日常的に接する普通の地域の大部分では、歴史性、風土性、文化性など地域の個性を規定するものがはっきりせず、どのような地域としていくかという点について住民のコンセンサスが形成されにくいというのが現状である。

「美しい国づくり政策大綱」（国土交通省、2003年7月）

この大綱を受けて景観法が2004年に成立した。とはいえ、景観法は実際のところ普通の景観を改善していく切り札だというわけにはいかない。景観行政や文化財行政はあいかわらず選良主義の体系になっていて、貴重だと判断される景観・建

物を指定し、それを保存するという制度設計になっている。景観法が適用されるのは建物が新築されるときのみで、基準にもとづく規制ががかる。

では、普通の景観に対して、まったく意味がないかというとそうでもない。この動向に呼応して京都市で2007年に「新景観政策」と呼ばれる制度ができ、壬生のような場所も「景観地区」となった。景観地区では、市長が設計変更を行うよう命令を下すことができる。全国でも20ほどの自治体にしかない。壬生は京都市中京区の西部にあり、区の3分の1ほどを占める。東部が中心業務地域となっていて、立派な町家群があるのに対して、伝統様式ではない建物の多い普通の街だ。壬生は平安京の中心軸、朱雀大路であった千本通を挟む地区ではあるが、江戸時代までは農村部であった。新選組の屯所がおかれたことでも有名だ。豪農の家も残っており、都市近郊農村の雰囲気をいくぶん残している。愛されてはいても守るのはむずかしい。こういう景観も、位置づけの高い景観地区に加えられた意義は大きい(右)。

中京区の東部が問屋街や手描友禅のさかんな地であるのに比べて、西部では作業場の広い型染や機械染色でおこなわれているので、その跡地がマンションになる例も多い。歩いてみると、ここの風物はおもしろい。きわめつけは壬生寺(中)。人気の伝統芸能・壬生狂言の舞台もあり、その南の保育園2階のベランダが観客席になっている。近藤勇の彫像や新選組の慰霊碑もある。新選組ファンがひとりふたり佇んでいるのをよく見かける。京福電鉄嵐山線の始点四条大宮駅から西にチンチン電車が通るのも壬生の景観。市電なきいま、都心居住地を走る唯一の路面電車だ(左)。

近年、興味ぶかい事件があった。壬生にある新選組屯所跡の旧前川邸の隣に計画されていた高さ20メートルのワンルーム・マンションが、事実上開発できないことになった。

時代劇といえば、戦国時代から天下取りの時期も定番の題材だが時間がたっており、そのまま残っているところはほとんどない。ところが幕末に新選組の近藤勇や土方歳三が寝起きし闊歩していた場所が、そのまま残るのが中京区の西部、壬生だ。幕末の青年たちの夢と悲劇の舞台を残している。新選組が屯所としたのは旧前川邸・旧八木邸・新徳寺・壬生寺周辺だ。商家の連なる中京区の東部とは違った趣きがある。血なまぐさい話だが、近藤勇とともに局長になっていた芹沢鴨が、同志により暗殺されたのが八木邸、池田屋事件のときに討幕派の志士が拷問を受けたのが前川邸だ（写真の奥）。

中京区・下京区の西部は、２００７年までの新景観政策以前には都市計画法上の美観地区ではなかったのだが、景観法制定を契機とする新景観政策以降は都市計画法上の景観地区（かつての美観地区）となった。２階建の町並みが続くが、かならずしも古い町家が建ち並んでいるわけでもなく、新建材の多く使われている住宅が並んでいても、景観をもっとも重視する地区に加えられたのだ。

京都市の定めた景観計画の景観地区「壬生・朱雀」には、「大正期以降に徐々に市街化し、壬生寺等の史跡や京町家等を残す歴史的な町並みの中に、中小の工場が建築された工業と住宅が共存した地域である」ときちんと書いている。旧前川邸周辺が特別に重要だということも京都市は強調している。

高さ20メートル7階建の108戸のワンルーム・マンションに対して、京都市は開発許可を下ろしたが、509人の周辺住民は開発審査会に取消の訴えをした。が、開発審査会はそれを棄却した。ところが裁決書はおもしろい決定になっている。開発業者は車両の出入りにかかわる住民から必要な道路拡幅の同意をとっていたが、決定の出た段階ではその方は同意を取り消している。そこで裁決書の付言は、現時点では開発してはならないとした。主文では訴えを棄却しているのだが付言では逆転していて、事実上住民側の勝訴となった。住民運動の盛り上がりに新選組ファンからの加勢もあり、この結果をもたらしたといってよいだろう。さらにいえば、かつての都市中心部にあった普通の景観が、新選組を想起させるという希少性により守られたともいえる。

京都は普通の町の集積地だ

都市計画論で有名なジェイン・ジェイコブスは、市街地ではいろいろな用途が混在していることがきわめて重要であるとする。混合用途の町は、ことに住工の混在する町の広がりは、いまや世界を見回してもあまりなく、京都市の都心居住地こそ代表的なものだ。高密度な居住地の中で染色業を発達させ、現代では希な住工混合の景観をもつ。第二次大戦後の住宅の割合が多くとも、京都の中心部は日本各地にあった都市中心部の景観を保っているともいえる。映画「三丁目の夕日」の1950年代の東京中心

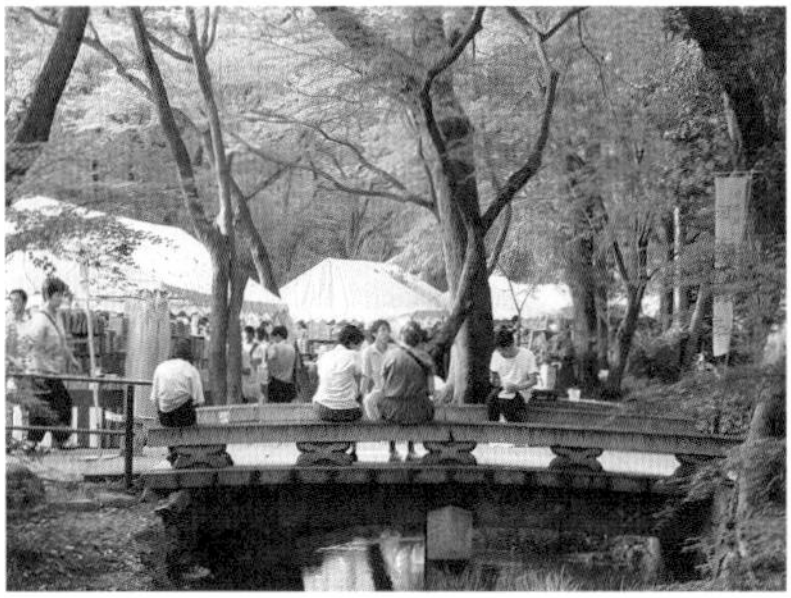

部の景観のように、全国各地にあった普通の景観だ。それらはどんどん消えていった。

森見登美彦は1979年生まれの新進気鋭の小説家で、小説の半分以上で京都を舞台としている。軽妙な文体で古都京都を語る。彼の小説こそ、京都の実感をふまえた見方で描かれており、興味深い。森見の『四畳半神話体系』や『有頂天家族』はアニメにもなっていて、若者のあいだで流行っている聖地巡礼の対象ともなっている。近年のアニメでは、なにげない普通の場所が描かれていて、そこにも若者が訪れる。

森見作品ではタヌキが人間に化けたり電車が宙を飛んだりするのだが、ふしぎに日常性に溢れている。古都を舞台として現実と非現実が混在しながら話が展開する。登場人物も大学入学以来あまり勉強しない無気力な学生で、惰性でクラブやサークル活動をしている。にもかかわらず大学院に進んでしまう「伝統的な」学生が登場する。個性的だが、どこかにいそうな人間が京都の普通の風景のなかでうごめく。重要なスポットは賀茂川と高野川が出会う鴨川デルタ（❶）、そして古本市の催される下鴨神社の糺の森（❷）だ。実在する場所・建物が多くでてくるのだが、小説の中では世界遺産も普通の場所も区別はない。伝統様式の町家や社寺仏閣だけをことさら切り取った「いかにも京都」という紋切り型の京都観はそこにはない。

7月になると京都市内には、祇園祭の雰囲気がしだいに高まってくる。高層マンションラッシュで京都都心部の景観が大問題となり始めた80年代のまちづくり運動において、「祇園祭の担い手を守る」が合い言葉となった。

祇園祭の宵山（前夜祭）がくり広げられるのは京都の都心部、山や鉾つまり山車《だし》を出す数十町内をまとめて山鉾町という地区だ。新町通にある南観音山の町内は百足屋町《むかでや》、マンション反対運動の先頭をきった由緒ある町内だ。町内共有の会所、「町家」と書く「チョウイエ」が最近建て替えられた。チョウイエは祇園祭のときに山車と渡り廊下でつながる。鉄骨造だが、祇園祭にふさわしいようファサードには工夫がある。奥の七戸のコーポラティブ住宅と一体で建てられた（❸）。

2007年には、幅員6メートルほどの都心の表通では高さ規制が31メートルから15メートルになった。15メートルというのはそれなりの合理性があり、伝統様式の町家のなかに自営業者や繊維問屋など4階建が並んでいるところも多い（❹）。広幅員の四条通は高さ規制が45メートルが31メートルになった。宵山のころの夜になると、ここも歩行者天国となり、自動車の通らない都市の姿を見ることができるという。

森見は「日常の延長で何かの拍子に祭りへ迷い込んでしまうのが私の好みである」という。日常性を描こうとしているので、幻想的だがリアルな居住地のようすの表現がある。短編集『宵山万華鏡』では、京都都心のバレエ教室に通う女の子が登場したりして、「雑居ビルと喫茶店に挟まれていて、往来を行く人たちは見落としてしまいそうな細い路地だった。入り口には大仰な鉄格子の門があり、脇には赤い提灯が掲げられてある。………」と。

Ⅱ　都市再生のなかで希求されたもの

「新興」工業都市バーミンガム

2000年4月から1年間、私はイギリスのバーミンガムで生活することになった。都心からバスで20分ほどのところにサーペンタイン通（Serpentine Rd「へび道」）がある（上）。くねくねと曲がっている。イギリスにはよくありがちの通りだろう。しかし日本の通りとはなにか違う。剪定されていないので高木がのびのびとしている。ガードレールや縁石もない。道路標識もない。イギリスのこうした普通の景観はやはり魅力的だ。

バーミンガム市はひと言で工業都市といわれている。ロンドンにつぐ第2の都市ではあるが、人口は100万人ほどだ。ゆえに、イギリスの平均的な都市生活と風景があるといっていいだろう。19世紀の公衆衛生法のもとにできた単調な風景をつくるバイロー住宅も多い（中）。撤去中の高層住宅にも出会う（下）。

いかに生活するかはどこに住むかで方向付けられる。しかし、人びとがどこに住もうと、彼らは仕事・健全な経済・良好な住宅・よい公共サービス・娯楽・安全な環境があるという、同じような状況をもとめている。

「ジョン・プレスコット副首相によるまえがき」
『われわれの町と都市・未来』イギリス・環境交通地域省　2000年

１９７０年代～80年代は工業都市がひどく衰退してしまい、都心は失業者があふれ居住地は荒れ放題のところも多かった。１９９１年からの保守党メージャー政権のころから、都市再生の転機がやってくる。次は１９９７年、社会的排除の撲滅を最大の課題とする、労働党のブレア政権が誕生し、その先頭に立ったのが副首相のジョン・プレスコットで、貧困者・高齢者・移民を積極的に社会参加させる制度を作ったり、「アーバン・ルネサンス」と呼ばれる都市政策も展開した。この時期には国連でサステナブルな開発が時代のキーワードとなり始めていた。ＥＵも、衰退した都市部の再生に補助金をつぎ込んでいる。普通の社会や経済

が持続し、つまり仕事があり、地域住民のつながりのあるかつての日常生活を取り戻したいというねがいが、これを時代のキーワードとした。sustainableは、これこそ「普通の」という意味と密接に結びついている。

1990年代のバーミンガムの都市再生は「イギリスの奇跡」とまで呼ばれている。都心部の復活ぶりは最後にⅧ章で紹介する。

ロンドン・クラーケンウェル

イギリスを中心に「アーバン・ビレッジ運動」というのがある。「アーバン・ビレッジ」というのは直訳すると「都市の村」だ。農村にあった親密な人間関係のある町をめざすことをねらっている。現国王チャールズ三世が総裁を務める運動だ。イギリスのそこここに建てられてきた高層の公共住宅団地の画一的な殺風景さに対するアンチテーゼであり、1990年ころから始まったこの運動の中味は、1997年からのブレア政権では国策ともなっている。

(都市コミュニティの計画と開発に対する簡単なテストの) 2つめは、そこが自分や子どもたちが喜んで生活したり働いている地区や建物であるかどうかです。こういう場所はときとして忘れられがちで

すが、喜んで住みたいと思うかが大切だと考えます。フィンズリーの古い地区クラーケンウェルのような場所とか……、わが国にも世界中にも隠れている場所、このテストに合格しそうな多くの町があることを、わたしは知っています。

プリンス・オブ・ウェールズのアーバンビレッジ・キャンペーンでの話　1990年

ロンドンでのアーバン・ビレッジの代表、ここクラーケンウェルは、大英博物館から1キロメートルほど西、広大な大都市ロンドンの中心部に位置する。国王お薦めの場所だ。それにしても宮殿に住んでいるひとが、隠れた愛すべき地区をたくさん知っているとは面白い。たしかに密かに存在する町で、分厚い観光ガイドもクラーケンウェルにはふれてはいない。

街区の角にはパブがあって、町の表情を作っている（右）。こういう人びとが集まりがちな店舗を街区のコーナーに置くのはとてもよい。アレグザンダーの『パタン・ランゲージ』にも「角の日用品店」というキーワードがある。毎日のように通りかかる場所に、親しみのある商店がほしいというのだ。

エクスマウス・マーケット（中）は歩行者専用道で、露天・屋台の並ぶ通りになっていて多彩な食べ物を提供している。3階建・4階建の町並みの風景は、町の人どうしが落ち着いて住んでいることを感じさせる。全体の建物が低いので、小さい塔をもつクリプト・オン・ザ・グリーン（左）という建物が貴重なランドマークとなっている。内装がレンガの地下壕風のインテリアをもつ多目的ホールだ。

Ⅲ　古い建物が大切である本当の意味

尾道は映画の聖地だ

世界の映画関係者から古今東西最高の映画だと評価された小津安二郎の『東京物語』（1953年）では、老夫婦が尾道から東京の子どもたちの家に向かう。最初と最後に尾道の風景が映し出される。大林宣彦も1982年からの3部作『転校生』『時をかける少女』『さびしんぼう』、1991年からの新3部作『ふたり』『あした』『あの、夏の日～とんでろじいちゃん』を尾道で撮影した。原作が尾道を舞台にしていたわけではない。アイドルが主演したというだけでなく、バブル経済からバブル崩壊の時代にあって、小都市の風景への再評価をもたらす作品として話題になった。幽霊が出てきたり、魂が入れ替わったり、タイムスリップしたりする、SFファンタジーの6作だ。大林はそれらを「しわだらけの」町、自身のふるさと尾道で撮ることにした。

ちょうど一九六〇年代頃から日本の古い、しわだらけのふるさとが、活性化のために壊されて新しくされはじめました。開発とは古いものを壊すことです。お化粧直しをすることです。各地の古い町が、望むと望まないとにかかわらず、

どんどんお化粧をされていきました。

大林宣彦『ぼくの瀬戸内海案内』岩波ジュニア新書　2002年

瀬戸内海を望む平地の少ない港町・尾道には多様な景観がある。漁村風の高密な居住地（右）、山麓には社寺の多い坂道・階段沿いの居住地（中）、南には向島もある。四角いビルも増えてしまい、よくある地方都市の景観にもなっている。だが、市は向島を含めて広い範囲を景観地区にした（左）。景観法のもと普通の街を広く２００ヘクタールほども景観地区にしているめずらしい例だ。小津安二郎は東京人のふるさとの典型として尾道を選んだ。『東京物語』の冒頭に蒸気機関車の通るシーンがある。古い家並みの中を蒸気機関車が通るシーンの美しさには息をのむ。当時ならば、よくある町並みだったか。いや当時でも、すでに希な普通の町並みだったのかもしれない。

２００６年ＮＰＯ西山夘三記念 すまい・まちづくり文庫が夏の学校を尾道で開催したおりに、当時の市長があいさつにきた。在来線の尾道駅を降りたときに海が見える状態を保ちたかったとおっしゃっていた。大林の『あの、夏の日〜とんでろじいちゃん』では、東京に住む孫が夏休みにひとりで尾道にやってくることになる。おじいちゃんは、新幹線では海から離れた新尾道駅で降りるのではなく、ひとつ前の福山駅で降りて在来線に乗り換え、瀬戸内海を見ながら海岸線沿いに来るよう助言する。はたして、おじいちゃんは空を飛んで出迎えた。

珠玉の近江八幡

関西でどこか行ってみたらいい町があるかと問われたとき、近江八幡と答えることにしている。日本のもっとも「普通でない」小都市かもしれない。なにしろ信長の居城、安土城跡もあるので元首都であり、関白豊臣秀次の城下町でもある。秀次の失脚のあとも、琵琶湖を挟んで北陸と京・大坂をむすぶ商業都市として栄えた。名高い近江商人の拠点だ。八幡山の麓の日牟禮八幡宮、その周囲をとり巻く堀割（右）や町並み（左）は絵に描いたような景観だ。

２００４年に文化財保護法に「重要文化的景観」が、新しい文化財のカテゴリーとして加えられた。その第一号となる葦原ももっている。さらに、数多くの学校・教会・住宅などを設計した建築家ヴォーリズの拠点でもある。近江八幡には彼の設計した建築がたくさん残る。彼の自邸は記念館となっている。

滋賀県南部は名古屋と京都・大阪とのほどよい距離があるため乱開発にそれほどさらされずにきた。美しい集落が多い。とくに近江八幡のおもしろいところは、中心市街地が鉄道駅から離れていることだ。ヨーロッパの小都市では駅前に降り立つと町の外れにいるような感覚になることがよくある。日本の都市ではいつのまにか駅を

中心に目抜き通りができてしまうのだが、ここは市街地と農地とのメリハリもあり、小高い八幡山を望むことができる。
１９７０年代、ようやく町並み保存というのがいわれ始めたころ、全国の伝統様式の町並みの中にある小河川や堀はドブ川だらけだった。ここの堀割も例外ではなかった。これらを美しくして町の誇りをとりもどそうと、青年会議所を中心にまちづくり運動が起こった。学生だった私たちの自主ゼミも協力した。なんの努力もせずに美しいわけではない。
前市長が「賑わい」を作りだすのだとして、95億円をかける市庁舎の計画を打ちだした。市役所は中心市街地からやや遠くにあるし、市役所に用事があっていくのは、一般人なら年に数回だ。賑わいを生みだす場所ではない。市庁舎のあり方を見直す住民運動が起こり、そのリーダーが２０１８年に現職をダブルスコアで破って市長に当選した。
これだけ特別の歴史をもちながら、「普通の景観」を感じるのはなぜだろう。観光客もおしよせるが、近江八幡の人びとは生活のまわりの環境を美しくするという精神でまちづくり運動をしてきた。だから日常生活のなかにあってほしいと思われるものが、そこにはある。それも近江商人のしたたかさだ。

Ⅳ　商売の名残を活かす町

町並み保存運動の始まり

かつて特別に栄えた商家群が開発に取り残されたところで、町並み保存は起こる。殺風景なビル街にはならずに済んだ場所だ。その居住地の質が見直され保存すべきだとして住民が立ちあがってきた。なかでも伊勢の河崎地区は格段の繁栄を経験した町並みだ。勢田川の両岸にある問屋街で、舟運により物資を運び入れて江戸時代のお伊勢参りを支えてきた。明治の末ころ、陸上交通の発達により問屋街としての役割を終える。川を挟んでいるため建物・道・建物・川・建物・道・建物という断面の構成になっていて、四列の伝統様式の住宅群が800m並んでいた。川から垂直に住宅が建ち上がっていた（右）。

1974年の豪雨の被害が大きく、建設省は勢田川改修計画を発表した。川幅を広げるため、東側右岸の家屋を根こそぎ撤去するというのだ。地元住民は「伊勢河崎の歴史と文化を育てる会」を組織した。この町の景観がかけがえのないものであることを再認識していく。西山夘三を団長とする調査団がつくられ、三村浩史研究室や国土問題研究会が調査にあたった。西山自身もこれを契機に、景観問題への発言を強め始めた。

問屋街としての機能を喪失しても、河崎は居住地としていい街となる。都市が人間の居住地として、その歴史をきざみこんだ文化の集積空間であるという基本的な認識と関連して、河崎の町並みは保存・再生されるべきであるし、それがもっとも賢明なまちづくり、開発・再開発の方向でもある

西山夘三「序章」『伊勢河崎の町並み——歴史的環境の保全とまちづくり』（観光資源保護財団の報告書）１９８０年

しかし、大規模な町並み撤去は強行された。住民の意向を入れて、町家が川に対して垂直にそそり立つ状態を示す部分を残したりもしている（中）。会はまちづくりをするＮＰＯに発展し、２００２年には、「伊勢河崎商人館」という拠点も作ったり、町並みを整備した（左）。

一世風靡した河崎も昭和時代には小都市の中心市街地の一角にある普通の居住地となっていて、勢田川も小河川がよくなるようなドブ川となっていた。それでも地元住民は、住んでいる町の景観がかけがえのないものであることに覚醒したのだ。

私は大学院生の時に調査団に加わっていたが、ここは父の故郷であったため小さいころ何度も訪れていた。この黒い町並みは私にとっても原風景であった。父はドブ川の臭いさえ懐かしがっていた。

神戸・乙仲通のきらめき

ジェイコブスは『アメリカ大都市の死と生』で、活気のある街路や地区は古い建物なしには育たないといっている。その真意は、財力に乏しいが、創造性があり、地域を活気づける店舗が新規立地しやすいということだ。「平凡で目立たない、価値の低い古い建物」がたくさん集まることの重要性を説いている。「新しいアイデアは古い建築を使うしかない」とさえいっている。

乙仲通を見てつよい衝撃を受けた。古い貸しビルの建物の一室だからこそ、安い賃料で立地した多様な店舗群が通りの独特の魅力をつくり出している（㊤、㊥）。

地区は、古さや条件が異なる各種の建物を混在させなくてはなりません。そこには古い建物が相当数あって、それが生み出す経済収益が異なっているようでなくてはなりません。

ジェイン・ジェイコブス『アメリカ大都市の死と生』原著1961年 山形浩生訳

「乙仲通」という愛称は、戦前の海運組合法で定期船貨物の取次をする仲介業者を乙種仲立業と呼んでいたからだ。高度経済成長期後、貨物のコンテナ化が進むなか衰退し、微妙なバランスで取り残された。近年その魅力が見直され、ジェイコブスの法則で古いオフィスビルに出店があいつぎ、知る人ぞ知る隠れた名所となった。雑貨屋・手芸品店・そのパーツを売る店・古着などの衣料品店・アトリエ・ケーキ屋、またカフェなど飲食店も多彩だ。中廊下の両側に並ぶ20平方メートルほどの小割の部屋もざらにある(㊦)。ビルの2階や路地裏にある店は目立たないので、路上にそれを示す「A型看板」が、いつしかこの通りの特徴となった。

賃料が安く立地しやすい店が集積したわけだが、古い建物が丁寧に修復して使われれば、景観もすこぶるよくなる。全体として４階建ほどの建物が多く、港町の雰囲気も香り、時代を感じさせる小規模オフィス街の景観は落ちつきがある。近年、シンボルだった旧神戸住友ビルが２０１４年に取り壊され広大な駐車場になっているし、高層ビルが近隣に増えた。そこで地元業者らにより「乙仲通界隈プロジェクト委員会」が結成されていて、ＪＩＡ兵庫の建築家や大学関係者がこの魅力を増進するためのイベントや提案活動を行っている。

Ⅴ　ヨーロッパ都市の成熟

麻痺した首都だったダブリン

20世紀最高の小説と賞されるジェイムス・ジョイスの『ユリシーズ』は、アイルランドの首都ダブリンの1904年6月16日の1日だけを描いた大長編小説だ。ヨーロッパ最西に位置するアイルランド島はイギリスの最初の植民地となり、独立は1930年代まで待たなければならない。1840年代には「ジャガイモ飢饉」により、多くのアイルランド人がアメリカに移住した。ジョイスは1882年生まれで、その時代のアイルランドは西ヨーロッパの最貧国であり、イギリスの支配下にある首都ダブリンの人びとの無気力、「麻痺」をテーマに小説を書いた。短編集『ダブリン市民』も同様だ。

ダブリンには城や大聖堂もあるとはいえ、華麗だと形容したくなる都市ではない。ただ、ケルト文化の香りがする。これは日本人好みで、歌曲にしても「庭の千草」をはじめアイルランド民謡が日本では早くから愛唱されてきた。

景観でいうと、中層の町並みのお手本のような都市だ。たしかにジョイスの時代のなごりの景観が残っているのだろう。4階建が連なる目抜き通りのグラフトン通(右)、首都の中央を流れていて、小説の登場人物が行き来するリフィ川(中)。第12

章「キュクローブス」で舞台となる酒場バーニー・キアナンのあるリトル・ブリテン通(左)。ちなみに訳者の柳瀬尚紀は著書『ジェイムス・ジョイスの謎を解く』で、この章に出てくる正体不明の「俺」は実は犬だという説を唱えている。

わたしが訪ねた20年前には、アイルランドの一人あたりのGDPが、かつての支配国イギリスと並んだことが話題になっていた。それどころか、今では一人あたりのGDPは、イギリスや日本が4万ドルであるのに対して、アイルランドは10万ドルと大きく上回っている。この経済発展はアメリカ経済との強い関係をもっていることにもよるが、EUの基金をうまく使った結果だ。都市の各所で歴史的建造物の修復をしていて、その現場にもヨーロッパ旗の掲示があり、EUマネーが投入されていることを示している。どんどん高層建築を建てていくのが経済の発展の象徴のように考えるのは愚かしいことも示してくれている。

古き良きパリ・マレ

マレ地区は中世のパリのなごりを留める場所だ。13世紀ころにはシテ島にノートルダム寺院が建てられているとはいえ、パリが大都市となる出発点となるのは17世紀の初めのアンリ四世による開発だ。パリ東北部のマレ地区あたりの沼地にいくつもの貴族の大邸宅、また「王の広場」と呼ばれるヴォージュ広場が造られた。その後ユダヤ人街はじめ一般の住宅地も立地していく。

自然発生的な都市はどこでも道路が狭く、不定形であり、建物は混み合っている。パリの中世以来の地区であるマレ地区でも、ニューヨークのマンハッタン南部でも、イスラム都市の都心部であるカスパ地区でも、日本の農村でも漁村でも、自然発生的なほとんどの歴史都市はそのような姿をしている。しかし、それはその都市が無計画にできているわけではない。

西村幸夫「コモンズとしての都市」『公共空間としての都市』、2005年

貴族の邸宅の周囲は商業の盛んな地区ともなり、家賃や物価が安い庶民的な住宅地が広がっていた（右）。5階建てほどの中層の建物が多い。文化大臣となったアンドレ・マルローが1962年に世界で最初の体系的な景観保全制度をつくった。20世紀前半にはマレ地区は秘かに存在していたが、景観保全で脚光を浴びるようになる。ヴォージュ広場や貴族の館が改修された。そのひとつはピカソ美術館にもなっている。この保全策の一方、1970年代には老朽化した住宅の混み合った状態を改良しようという再開発もすすんだ。一般庶民相手にできていた街の秩序、親密な関係が崩されるというので、南部のサンポール通あたり（上）では最後まで再開発に抵抗する運動があった。親密な人間関係のある都心居住地を守ろうとする運動としても、世界中の先駆けだった。いまでは街区の中央では建物が間引かれ、ちょっとした中庭がある（中）。周囲にはおしゃれな雑貨店・画廊・飲食店が増え、観光客にはおもしろい場所となったが、かつての庶民的な街の雰囲気は失われたようだ。世界中の歴史ある大都市で起きているジェントリフィケーション（上品化）と呼ばれる現象だ。２０１８年３月にそのサンポール通に宿をとってみた（下）。5階建ての古い集合住宅の一室だ。室内には木製の梁や桁が見えた。

現在のパリ景観の原型は19世紀半ばからナポレオン3世のもとに行われた大改造によってできる。

凱旋門やオペラ座に向かう直線街路が通って、「オスマン住宅」と呼ばれる高層集合住宅が建ち並んだ。この時期にはマネやゴッホら印象派・ポスト印象派らが都市生活を描き、ゾラは『居酒屋』などの小説をそのまっただなかで書き、庶民の生活をリアルに表現した。ところがマレ地区はこの大改造から取り残されたため、17世紀の様相をもつ数少ない地区となっている。

フェルメールの描いたデルフト

大都市や首都ではなくヨーロッパの小都市であってもその成熟度の高さにおどろく。デルフトは人口10万に満たない小都市だ。17世紀の画家フェルメールはデルフトで活躍した。作品は30数点しか残っておらず、ほとんどは普通の人びとを室内で描いている。この時代までの絵画の人物といえば、神話や聖書の世界を描くか、王侯貴族の肖像を描くかだった。日常生活をもっぱら題材とする、19世紀後半の印象派よりも２００年早い。2枚だけ風景画がある。そのひとつ「小路」の場所はかならずしも特定できないが、路地の垣間見える町並みを描いたものだ（右）。この時代のオランダはイギリスが台頭するまで世界の経済大国であり、絵画でも新しいジャンルを切りひらいていた。運河沿いには3階建の建築が並び美しい。

Ⅵ　大阪と東京のＤＥＥＰ

大阪ミナミの中層市街地

大阪の繁華街の代表はキタとミナミだ。キタは大阪駅・梅田を中心とする一帯、ミナミは問屋街の船場とターミナル難波駅のあいだ、心斎橋・道頓堀・千日前といった場所だ。水掛不動や法善寺横丁も有名スポットだ（左）。キタとミナミはいろいろな面で対照的で、キタは地下街と高層ビルが多く、はっきりいって地上の街歩きはおもしろくない。ミナミを特徴づけるのは中層建築の多彩な飲食店・衣料品店・雑貨屋などだ。大阪は戦前は「水の都」だと、その美観を誇っていたが、今では道頓堀川だけが目立っている。それでも、中層の町並みの広がりは相当広い。

3階や4階では、下の街路に降りるも容易だし、窓から顔を出せば街路の光景と一体感がもてる。つまり、ここの人間やその表情、木の葉の1枚1枚、個々の店々といった路上の細部を読み取れるからである。3階から大声で叫べば、下の人間の注意を引くことができるが、5階以上では、このような結び付きは無効である。（21「4階建の制限」）

C・アレグザンダー『パタン・ランゲージ』、平田翰那訳、鹿島出版会、原著1977年

アレグザンダーがいうように「4階建の制限」は世界各地の市街地に存在する、よい町の普遍的な原理といってもよい(右)。パリの町並みのように例外的にずいぶん高いところもあるが、世界の都市で町じゅうが中層という都市は珍しくない。つい高層が建ってしまいがちなのが日本の都市だ。中層の町並みがDEEPな場所をうみだす必要条件にも思える。大阪ミナミには外国人観光客が多い。彼らもDEEPな魅力を見ているにちがいない。さらに、大阪市域の南には通天閣の新世界やドヤ街のある新今宮もある。DEEPな大阪はほんとうに奥深い。

　ミナミはキタに比べて「歴史がある」というのだが、戦災でほとんど焼け野原となっている。織田作之助の小説『夫婦善哉』にミナミが出てくる。船場のボンボンである主人公の生き方にイライラさせられる舞台はここだ。これは戦前の話。織田は戦後まもなく1947年に世を去るのであるが、最後に闇市を見た。「大阪の憂鬱」という随筆のなかで、彼の愛する大阪の変わりはてた姿を嘆く。それでもミナミの持つ迫力が「千日前を、心斎橋を、新世界を復興させたのだ……自分たちだけの力でよくこれだけ建てたとおもえるくらい、穴地を埋めてしまった」と賞賛もしている。近年、闇市跡の自律性が繁華街の魅力の根底にあるといわれているが、織田はそれを予言していたのだ。

中崎町のりっぱな表長屋

さて、大阪キタにもおもしろいところはある。大阪駅から歩いて東へ10分ほどのところにある中崎町は戦災をまぬかれ、低層の町並みがまとまって存在する（上）。高度経済成長のころを知っているものから見ると、中崎町界隈はまさに普通の都市景観を呈している。長屋があまり発達しなかった京都に比べて大阪は長屋の町、表通りにも長屋がある（中）。歩いていると、突然しっかりした造りの長屋が現れておどろく。路上の自転車が目立っていたり、しっかり住んでいる様子がうかがえる（下）。

2000年を過ぎたころから、「おしゃれな」カフェができ始め、飲食店・美容院・古着屋・雑貨屋・治療院も立地し、若者たちの人気の場所になってきた。ここにきて外国人観光客もおしよせている。新しいことを大都市で起こすには古い建物が必要だという、ジェイン・ジェイコブスの法則が生きている。

行政やデベロッパーからみると、大都市内のこうした低層高密市街地はスクラップアンドビルドで高層建築におきかえられるべき場所なのだ。これを存続させたのは住人の愛着というしかない。大阪市立大学のグループが北隣の豊崎地区で長屋を素敵に改装して、「大阪市大モデル」という新しい住生活を実現している。毎年「オープンナガヤ大阪」というイベントを大阪一円で企画している。

下町の原点、日本橋

日本橋の橋自体は重要文化財となっているが、真上には首都高速道路が走っている。地名としての「日本橋」はかなり広い。日本橋区と銀座を含む京橋区が合併して中央区になったから、中央区の北半分を占める。茅場町・人形町・伝馬町・浜町とか、東京に縁のないものにも文学作品でなじみの地名がある。日本経済の心臓部、日本銀行や証券取引所があり、日本初のデパート・三越があり、きわめて特別な場所だ。日本橋の東部には愛すべき中層の町並みもところどころにある（❶、❷）。

そうだ、日本橋の家も昔はこんな工合だった。ちょうど此のくらいの中庭があって、塀の向うに隣の家の屋根と梢が見えていた。そうして昼も森閑として、人がいそうなけはいもなかった。「梅が香や隣りは荻生惣右衛門」——其角と徂徠とが隣合わせで住んでいたという、茅場町の薬師の地内から程遠くないところにも、それから賑やかな米屋町にも引き移ったが、その静かさはこの上京の静かさと同じであった。

谷崎潤一郎「都市情景」、1926年

日本橋で生まれ育った谷崎潤一郎の「都市情景」という随筆は、3000字に満たない短いものであるが、なんとも味わい深い。日本橋界隈もヒューマンな下町であったことを物語っている。引用の箇所では京都の都心を見ながら、自分がまだ幼い1900年ころの東京を懐かしんでいる。永井荷風も京都に旅して同感だったとの記述もこの中にある。100年ほど前に、文豪が古き良き東京が失われたとの感慨を交わしていたのだ。この潤一郎と荷風、美にふける「耽美派」と呼ばれているが、都市空間に対する感覚はきわめて健全で鋭い。

茅場町には文中にあるように、松尾芭蕉の高弟・宝井其角が住んでいて「其角住居跡」という碑が立っている（❸）。夏目漱石も儒学者・荻生徂徠も隣に住んでいたのがおもしろかったとみえ、「徂徠其角並んで住めり梅の花」という句を詠んでいる。「薬師」というのは、現在日枝神社の境内で御旅所だったところだ（❹）。証券会社などのビルの谷間にある。

この「下町」という言葉はちょっとややこしい。英語の「ダウンタウン downtown」

は「都心」とか「繁華街」と訳す方がぴったりする。資本主義社会に入り、平地に人がたくさん住み工場や商店が立地し都市が成立して、近所のつきあいの盛んな高密居住地ができる。そこに都心業務や商業の拡張が起こり、住宅や工業などを一掃していくと、都心業務地域としてダウンタウンができる。そうならず高密居住や町工場のなごりのあるところが下町と呼ばれている。日本橋はダウンタウンであり下町である。戦災が少なかった人形町のあたりには下町といいたくなる景観が残る。

東京は大きく、中心部にも「谷根千」を典型としてヒューマンな地区がある。人間が頑張って住んでいるところには愛すべき場所が必然的にある。

人気上昇中の北千住

奥州街道・日光街道の最初の宿場町が千住宿だ。

隅田川を挟んで北千住は足立区で、南千住は荒川区だ。北千住からは、隅田川の対岸に南千住の高層マンションが見える（❶）。宮部みゆきの小説『理由』（1998年）では、殺人事件の起きた超高層マンション「ヴァンダール千住北ニューシティ」は荒川区にあるとしているので、そこは南千住のようなのだが、北千住駅が最寄りのようでマンション名も「千住北」となっている。フィクションなのでぼかしてあるのか。この小説のなにがすごいかというと、多数の個人・家族の生きざまを描いていることだ。競売物件に居座り立ち退き料を請求する占有屋という存在が事件の鍵となっ

ている。超高層マンションを現代社会の病理の象徴かのように描いている。「景気の急落に翻弄され疲れ果てた工場町が見る夢のなかの理想の姿のように、低い屋根と電信柱の連なりの上に、あくまでも清潔にそそりたっていた」と皮肉で表現している。

千住宿は北千住の位置にある。南千住の方は都市拡張のなかで生まれた。こちらもかつての千住火力発電所には有名なお化け煙突があったり、工業の集積のある下町の典型でもある。東京23区のなかでも足立区や荒川区はもっとも庶民的な町だとされる。

社会学研究者の三浦展によれば、「人気上昇する北千住」(『首都圏大予測』)だという。氏は東京各所の地域を精緻に分析していて「住民の生活満足度は非常に高いだろう」という。21世紀に入って、北千住駅はつくばエクスプレス開通後の結節点の駅となったり、4つの大学のキャンパスが立地した。こういうことが反映して「おしゃれに」なったのだ。

北千住駅から西へメインストリートを5分ほど行くと、垂直に横切っているのが宿場町通りで、たしかに飲食店は多彩で活気がある(❷)。宿場町だったことのなごり、魅力の背景にはやはり歴史の蓄積がある。駅から20分くらいのところまで、路地の多い低層の居住地が広がっている(❸)。アーケードのない商店街もいくつかあって落ち着きがある。銭湯が多いことでも有名で、東京の「キングオブ銭湯」といえば、北千住の大黒湯だったが、残念なことにこれは2021年に閉湯した(❹)。

Ⅶ　ヒューマンな生活空間を取り戻す

高架道路の撤去、アメリカ大都市の都心

人間的な「普通の」景観を取りもどそうとするうごきを3つ紹介したい。

サンフランシスコはケーブルカーのある坂の景観が美しい(右)。高架高速道路の撤去により、ウォーターフロントによい場所ができている。自動車王国アメリカではあるが、大都市内ダウンタウンを貫通する高架高速道路は次々に撤去されている。沿道の土地の価値を下げるし、頭の上を道路が通るなどというのは許されないと気がついたのだ。

ボストンでも高架の高速道路セントラル・アーテリーが1959年に建設されていた。1987年に撤去が決まり、91年から撤去作業が始まった。途中を見ようと97年に訪ねた。撤去中のようすをカメラに収めることができた(上)。最終的に撤去されたのは2004年だ。イメージしやすい都市がよい空間だという論を『都市のイメージ』で展開したのがケヴィン・リンチで、この古典的名著ではボストンはとてもよい都市だが、この高架道路がわかりにくくしていると書いている。

シカゴのダウンタウンには19世紀末の都市美運動のころからの有名建築が多い。そしてたびたび映画にも登場する環状高架鉄道、ループも特徴的だ(中)。ふしぎなのは高架の道路に比べて高架の鉄道にわずらわしさがないということだ。高架道路は周辺の土地と関係なく走っているが、鉄道は周辺住民の生活と深くかかわって存在しているからだろう。

ニューヨークのダウンタウン・マンハッタンでも市街地を貫く高架の道路はない。摩天楼が建ち並ぶにもかかわらず見通しがよく、歩いて楽しいのはなぜか。高架道路で視界が遮られず、道路率は高いが道幅が比較的狭く両側の土地を分断していない。斜めにブロードウェイが走り、碁盤目の単調さを免れている（下）。そして広大なセントラルパークがあるのも魅力的だ。資本主義の権化のような都市をやや褒めすぎか。

ヤンバンの住んだ北村、韓国の町並み保存

2つめは巨大都市ソウルの話。こんにち、人口一千万のソウルでかつての普通の居住地のなごりを探すのは、東京や大阪でするよりもむずかしい。1980年代の高度経済成長期にも強い国家権力があり、その力で多くの古い居住地がスクラップされたからだ。市の中央を東西に流れる漢江以南の高層マンション群が、ソウル市民のもっとも一般的な住宅となったといっても過言ではない。

北方の山裾にある昌徳宮《チャンドックン》の西、景福宮《キョンボックン》の東に、北村《プクチョン》という場所がある。「ヤンバン（両班）」はかつての支配階級だ。彼らの住宅群が残っている。昔の上流の住んだ普通の町並みというところだ（❶、❷）。

1970年代から美観地区とか韓屋保存地区になっていて、4階建以下にすることや様式に厳しい制限が加えられるようになっていた。とはいえ、2002年にNPO西山文庫が夏の学校を開催した際に、韓国の都市計画の専門家と町並み保存について話しあったことがあった。北村の町並み保存は、まだあまり市民になじみのものとはなっていないと聞いた。たしかに当時の北村にはほとんど観光客がいなかった。

保全に積極的な運動もあと押しして、近年では観光客が押し寄せるソウルの一大観光スポットとなっている。北村のようすは、上流の住宅群だということもあって日本の伝統的な町並みとはずいぶん違う。塀や長屋門で囲まれている。門を入ると中庭がある。いくつかの住宅は中を公開し工芸品などを展示している（❸）。

旅で、ソウルに滞在しているとき、柳宗悦さんと語り合ったものだ。「半島の家屋の外観は美しいよ。家そのものに民芸の精神がしみ込んでいる」と聞かされたのだが、それにはうなずかないわけにいかなかった。半島の民家のスケッチ帳が書斎のなかに埋もれているが、引出してみると楽しくなる。

今和次郎「韓・北鮮の民家」１９６８年

今和次郎が朝鮮半島の民家調査をしたのは、日本による占領時代１９２０年代だ。民芸運動で知られる柳宗悦も朝鮮文化に魅了されていた。日本の圧政のなか、彼らは朝鮮人の服装や工芸品や住宅の美しさにいたく感動していた。

彼は鍾路の通りが好きであった。そこばかりは昔の面影がある。ここにはまだ醜い洋風の建物に蚕食されない所がある。然も小さな和風の安普請も、ここでは見ないですむ。朝鮮の町々が日々それ等の力の侵害を受けるのは、抗し難い事であらうが、誰にもそれは淋しい気持を起こさせてゐる。だが鍾路の大通りは朝鮮の都だといふ心をいまも送ってくれる。

柳宗悦「彼の朝鮮行」１９２０年

日本からの圧政に抗した１９１９年の三・一独立運動の発祥の地タプコル公園と北村のあいだに、仁寺洞《インサドン》という地区がある(❹)。鍾路《チョンノ》から北にはいったところにある。もともとヤンバンの居住地だったが住宅が細分化され、いまでは雑貨屋や骨董屋が集積し、路地には飲食店もたくさん開業している。市民や観光客に親しまれている地区となっている。

ソウルは大改造されたとはいえ、今和次郎や柳宗悦が日本の占領下での愛した朝鮮の大都市の雰囲気を残している場所がいくつもある。

一般の大都市内の街路は日本にほんとうによく似ている。新建材を使うことをはばからず雑然としているが、人びとの生活が街路にはみ出している。アーケードのある商店街などはそっくりだ。自動販売機は治安上なり立たないようで、飲み物や新聞を売るスタンドがあったり、街路樹も相当量あるが日本ほど剪定をしていない。このあたりはヨーロッパの街路のような感じもすこしする。

ジョグジャカルタの環境改善

3つめはチョデ川沿いのカンポンで、ここも成功例だ（右）。スコッターによってチョデ川沿いに7キロメートルにわたってカンポンが形成されてきた。1984年に大きな水害がありムラを移転するような再開発案も出たが、現地で水害対策をする方が合理的だということになった。居住地に自律性があり、その自信がもたらした結論だといえるだろう。したがって、護岸堤防でまず水害を防ぐ工事が進んだ。共同の井戸や便所が造られていった。居住地の中に街灯もついた。水を汚さないための分別ごみ収集のしくみもできている（中）。政策から抜け落ちる居住地でなく、人間の住む場所として整備される対象となったことの意義は大きい。居住者をまき

こんだ住環境の改善は、普通に住める場所となって、見違えるように景観をよくしたにちがいない。熱帯にあるが植物に適度なコントロールがきいていて植栽が美しい。植木鉢の数が多いのも愛されている居住地の証しだ（左）。

> （カンポンは）日常生活は、ほとんどがその内部で完結しうる、そんな自律性がある。様々なものを消費するだけでなく、生産もする。ベッドタウンでは決してない。相互扶助のシステムが生活を支えている。つまり、居住地のモデルとして興味深いのである。カンポンは決してスラムなんかではないのだ。
>
> 布野修司『カンポンの世界』ＰＡＲＣＯ出版局　１９９１年

布野によると、インドネシアには個性あふれる多様なカンポンがあるという。カンポンというのは、たんにムラという意味で、インドネシア特有の「ゴトンロヨン」とよばれる相互扶助のしくみがある。相互扶助の伝統を持ちこんでできた居住地が生まれた。いわばアーバンビレッジだ。

ジョグジャカルタは人口40万人ほどで、人口2億7000万のインドネシアにあってはそれほど大きい都市ではないが、古都であり存在感がある。スルタンと呼ばれる君主の住む王宮が中心にすわっている。著名なガジャマダ大学もあり、大学都市でもある。大学も、市内のさまざまなカンポンの住環境の改善に深くかかわっているのを見てとれる。

Ⅷ 「普通」は時代のキーワード

春の小川のイメージ

学生たちに「春の小川」の絵を描けというと、すばらしい場所を描きどれも図柄が似ている。唱歌「春の小川」によって、共通のイメージが形づくられているのだ。しかし、彼らは典型的な春の小川には出会ってない。川幅は1～5メートルくらいだろう。「さらさらいく」し、小ブナが「日なたでおよ」ぐのだから平地の川であって、山あいの川ではない。岸にレンゲやスミレが咲くのだから、自然護岸だ。川が「咲けよ咲けよと、ささや」くのだから、水面は岸から近い。作詞者・高野辰之の住んでいた代々木のあたり、渋谷川の支流を歌ったというのが通説だが、第二次大戦前には全国各地にそうした小川があったに違いない。

パリでは、ルーブル美術館やノートルダム寺院は一度行けば満足してしまいますが、名もない街の裏通りは、何度歩いても飽きませんし、記憶にずっと残ります。京都の町中にある、ちょっとした窓の様子や、祖谷の何でもない石垣。山で見かける草、苔、石、小川など、「何でもない魅力」がある風景は、かつての日本には、そこら中にありました。

アレックス・カー『ニッポン景観論』2014年

学生たちはこの「何でもない魅力」をこの歌から感じ取っているのだ。わたしが見たなかで一番イメー

ジに近いのは、田園都市運動に先がけて博愛主義の資本家の作った工場村のひとつ、バーミンガムのボーンヴィルにあった小川だ（右）。日本でも農村部へ行けば出会えるかというと、農業用水もコンクリートで固められている。除草や川浚えの手間を考えるとそうならざるをえないのだろうか。京都中心部を貫く堀川に久しく水が流れていなかったが、住民運動のかいあって復活した。やや作りすぎか（左）。

戦後の市街化の過程で都市内の中小河川は付け替えられ埋め立てられ、下水道の役割を担わされた。暗渠になったところも多い。開渠の部分もコンクリート3面張りになった。河川改修のせいで都市内の中小河川では洪水の危険が増したともいわれる。日本では平地の自然護岸の小川を見ることはもうできないのだろうか。普通の風物には「何でもない魅力」があったはずなのだが。

ふつうのおんなの子

本書のテーマ「普通」という言葉が思った以上によく飛びかっている。生命誌の研究で知られる中村桂子が、『「ふつうのおんなの子」のちから』という本を2018年に出版した。「小公女」「赤毛のアン」「若草物語」など少女を主人公とする文学作品をとりあげて、「本当に大切なことに眼を向けて、みんながいきいき暮らす社会作りができるのはおんなの子だ」という。そういう男の子もいるとはいっている。「やたら権力を求めたり、過剰な競争をしたり、差別意識が強かった

り……そんなことなしに家族や友人や地域の人々など、日常接する人との毎日を大切にする生きかた」がこれらの文学作品から読みとれるというのだ。「小公女」の主人公セーラが、逆境にあっても楽天的な性格を失わないことに、小学校5年生のわたしもいたく感動したのを思い出す。

「普通の女の子に戻りたい」とは人気アイドルグループ・キャンディーズの伊藤蘭の言葉。1977年にグループの解散の会見で発したのが話題となった。時間に追われない、しっかりと自分を取り戻せる生活をしたいという気持ちからだった。彼女は2年後に芸能界に復帰するが、最近の発言でも「当たり前のことを当たり前に感じられる自分でいること」を大切にしているという。

ふたたびバーミンガム

さて、再びイギリス第2の都市、バーミンガム。すさんだ都心をもっていた都市だったが、2000年前後に社会的排除とたたかい都市環境を改善した。この再生事業は「イギリスの奇跡」とまで呼ばれた。人の集まるヨーロッパの普通の都心にもどったともいえる（右）。大規模再開発だが建物は中層で露天商も残した（中）。クリスマス期には歩行者天国に仮設店舗が建ち並ぶ。周りの雑居ビルを撤去し、それほど大きくない聖マーティン教会がランドマークとして蘇った（左）。ただ、この再開発にはEUによる多額の金が投じられた。イギリスはしたたかだ。にもかかわらずのEU離脱だが、荒れ果

てていた大都市の都心を生活の場に取り戻したのだ。
みてきたように、普通か希少かの区別は微妙だ。自動車交通や高層ビルに荒らされず、おおむね高度経済成長期までにできあがってきた市街地を「普通の町」と呼んできた。また、住民の主体的な運動でまともな生活のできるような状態に改革してきた例も含まれている。かつて生活のなかで秩序だてられてきた普通が損なわれてくると、普通が貴重なものとなる。それが現在では隠れた名所になっているのだ。かつての普通は現在から見ると優れものだという場合が多く、それを意識的に再興しようという動きが起こっているのだ。社会全体がその重要性をかけがえのなく懐かしい光景だと感じるようになると、それは文化財になる。そうした原理が景観にははたらく。実際にイギリスでは２０００年以降、産業遺産や工業町が次々に世界遺産となっている。
時代は普通を取り戻す局面に入っているとみたい。日本でも伝統様式の町家や長屋を改装して、活用しようというような事業がさかんになっている。世界の都市計画理論の一部は、都市内での普通にあった用途混合・高密居住・歩行重視が大切だという結論を、確信をもって導いてきている。都市計画事業もその方向で進む場合もあるが、今の段階では「普通」をとりもどすにはまだまだ規模が小さい。

あとがき

本書は新建築家技術者集団の機関誌『建築とまちづくり』の裏表紙裏に、２０１７年11月から２０１９年12月まで24回にわたって連載したものを元にしました。建築家の鎌田一夫さんからときどきの助言をいただきました。残念なことに鎌田さんは今年3月に亡くなられました。

普通の景観の謎を解明するには文字数も少なく十分ではないかもしれませんが、主張したいことは盛り込めたと考えています。写真集のような構成になりましたが、いくつかのカラー写真を使えたのはさいわいです。

このシリーズの出版は執筆者を含む研究会の議論を経てできあがっています。西山文庫常連のメンバーと、積水ハウス住生活研究所の方の密度ある研究会にささえられ、意欲的な冊子を発刊してきました。研究会の運営はじめ執筆者の連絡や出版での手続きについては、ひとえに立命館大学教授の吉田友彦さんが中心でした。なみなみならぬ尽力に敬意を表します。そして、日沖桜皮さんの意欲的な編集にもお世話になりました。

２０２２年度はＮＰＯ西山文庫にとって特筆すべき年となりました。これまでの活動に対し積水ハウス住生活研究所とともに日本建築学会賞（業績賞）を受賞しました。また、西山夘三の残した貴重な研究資料を京都府立の京都学・歴彩館へ移管しました。これを機会にわたしたちＮＰＯは新しい研究活動のスタイルを模索するとともに、本シリーズを14冊で完了し、発展的解消をいたします。新たな企画として、より本格的な学術書の「西山夘三記念叢書」を刊行することになりました。

〈執筆者〉

中林　浩

京都大学大学院博士課程終了、博士（工学）、景観論や都市計画史を専攻する。三村浩史研究室に所属していた。西山夘三からは、1972年に大学１年生で京都大学で最後にした授業を聞き、その後20年間まちづくり運動の場で指導を受けることになる。2008年まで平安女学院大学教授、2021年まで神戸松蔭女子学院大学教授。

ＮＰＯ西山夘三記念すまい・まちづくり文庫の運営委員長のほか、京都まちづくり市民会議・新建築家技術者集団・自治体問題研究所で活動。

近年の主な著作、『西山夘三の住宅・都市論』(共著、日本経済評論社、2007年)・『京都の「まち」の社会学』(共著、世界思想社、2008年）・『超絶記録西山夘三のすまい採集帖』(共著、LIXIL出版、2017年）・『すまい・まちづくりの明日を拓く』(共著、天地人企画、2018年)・「迷走する京都―ポストコロナの観光をめぐって」『世界』(2021年10月号)、『学校の統廃合を超えて』(共著、自治体研究社、2022年）。

西山夘三記念 すまい・まちづくり文庫（略称：西山文庫）**について**

わが国の住生活及び住宅計画研究の礎を築いた故京都大学名誉教授西山夘三が生涯にわたって収集・創作してきた膨大な研究資料の保存継承を目的として1997年に設立された文庫で、住まい・まちづくり研究の交流ネットワークの充実、セミナーやシンポジウムの開催、研究成果の出版などを行っています。「人と住まい文庫」シリーズは、すまい・まちづくりに関する研究成果をより広く社会に還元していくための出版事業であり、積水ハウス株式会社の寄付金によって運営されています。

普通の景観・考

～サステナブルな町の姿～

2023年10月1日発行

著　者　中林　浩
発行者　海道清信
発行所　特定非営利活動法人 西山夘三記念 すまい・まちづくり文庫
〒619-0224　京都府木津川市兜台6-6-4 積水ハウス総合住宅研究所内
電話　0774(73)5701
http://www.n-bunko.org/
編集協力　アザース
デザイン　松浦瑞恵
印　刷　サンメッセ株式会社

Printed in Japan
ISBN978-4-909395-12-2